GEHEIMNISSE DER WELT

WELTRAUM

COPPENRATH

INHALT

Eine Finsternis
Gelegentlich läuft der Mond direkt zwischen der Sonne und der Erde hindurch und verdeckt die Sonne fast ganz. Der Himmel verdunkelt sich, und die leuchtende Atmosphäre der Sonne, die Korona, wird sichtbar. Eine Sonnenfinsternis dauert maximal 7 Minuten und 31 Sekunden. Eine partielle Finsternis, bei der nur ein Teil der Sonne verdeckt ist, ist weithin sichtbar. Eine totale Finsternis, bei der die Sonne vollkommen verdeckt ist, kann man nur in einem schmalen Streifen sehen.

Die Sonne

Die Sonne ist nur einer von Milliarden von Sternen in unserer Galaxie. Wie alle Sterne ist sie ein gigantischer, heißer Gasball aus Wasserstoff und Helium. In ihrem Inneren herrschen Temperaturen um 15 Millionen °C. Das ist so heiß, dass sich Wasserstoff in Helium umwandelt. Diese Kernreaktion erzeugt eine riesige Energiemenge, die die Sonne leuchten lässt.

Die Oberfläche der Sonne ist viel kühler als der Kern, aber sie brodelt ständig wie kochendes Wasser im Topf. Gewaltige Fackeln und Bögen aus glühendem Gas explodieren manchmal in den Weltraum. Sonnenflecken, die bisweilen auf der Oberfläche erscheinen, sind kühlere Gebiete.

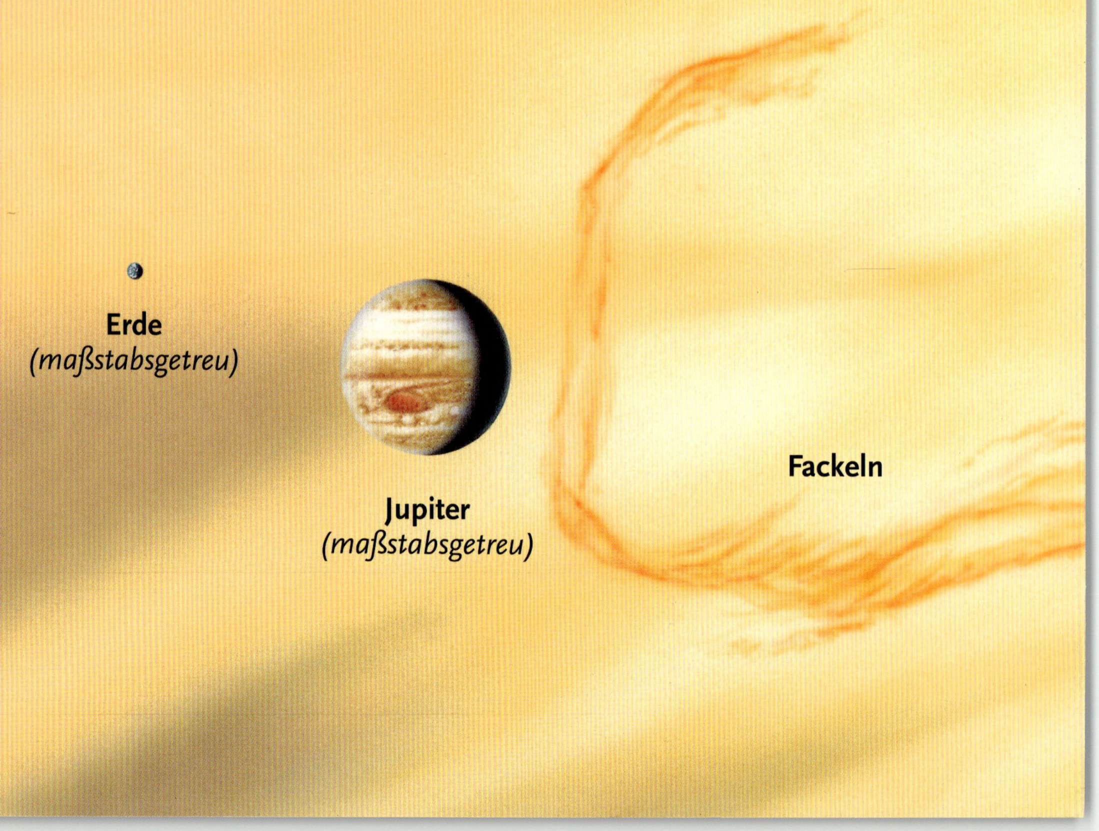

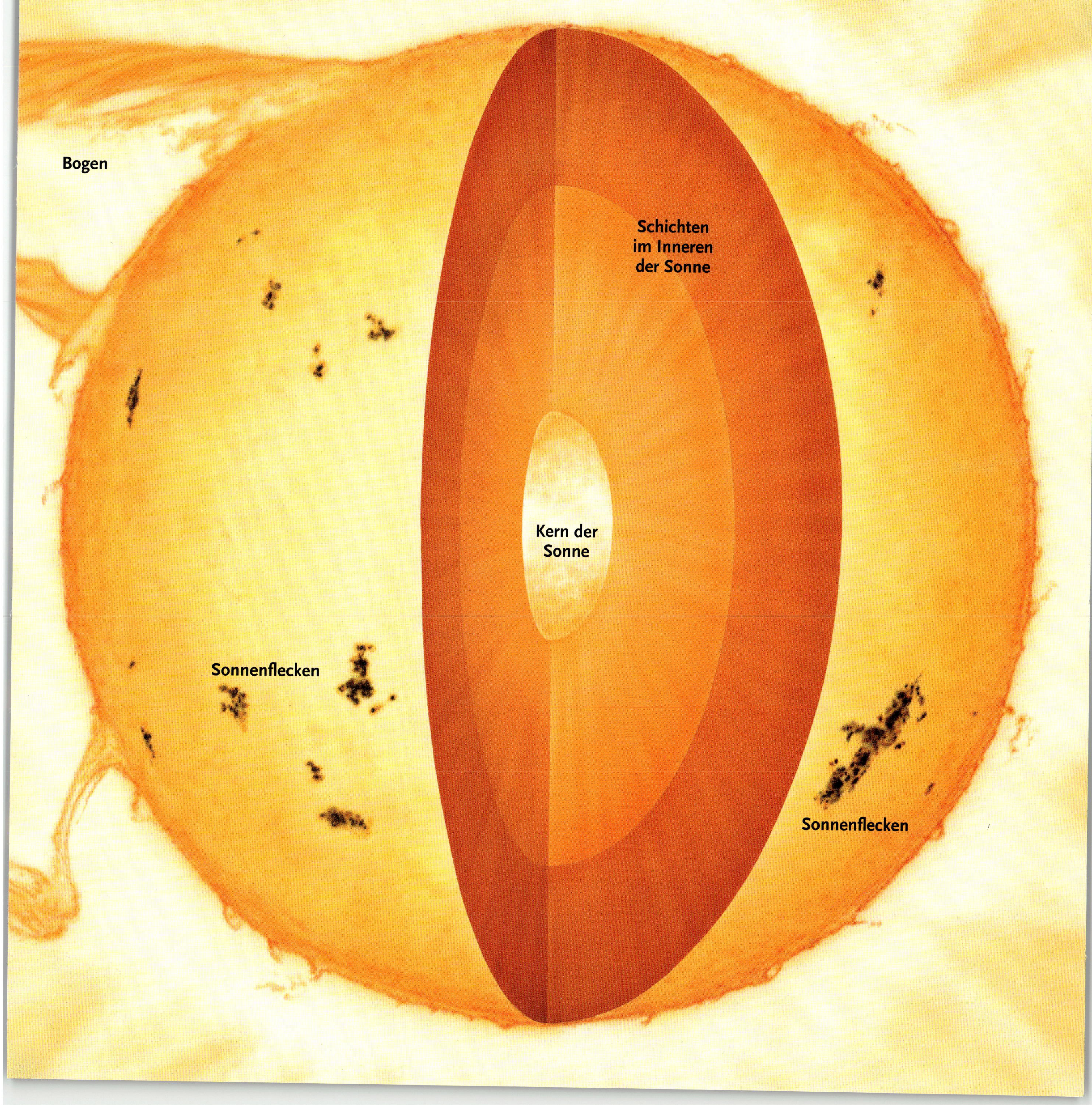
Bogen
Schichten
im Inneren
der Sonne
Kern der
Sonne
Sonnenflecken
Sonnenflecken

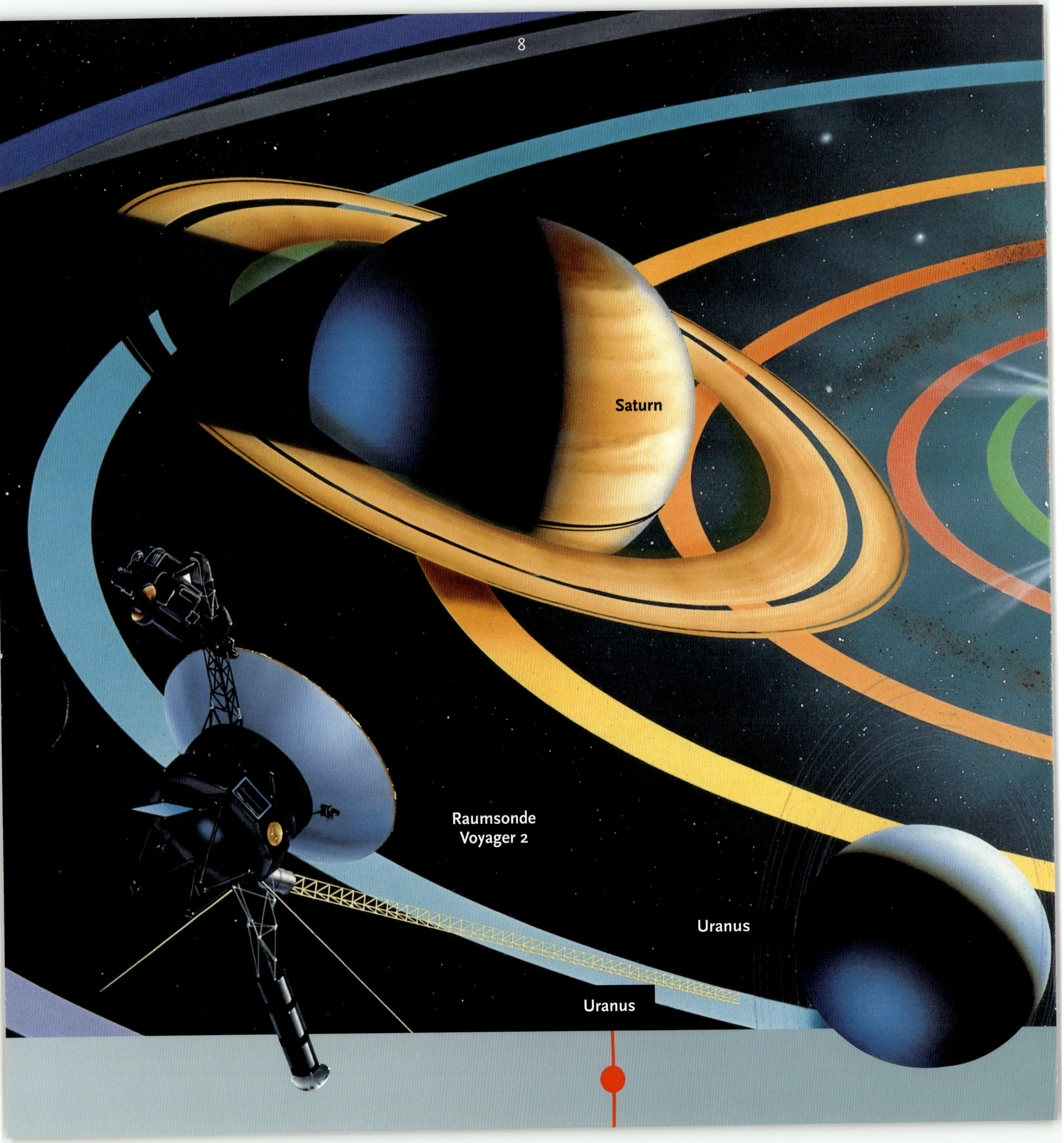
Saturn
Raumsonde
Voyager 2
Uranus
Uranus

Das Sonnensystem

Dies ist eine Darstellung unseres Sonnensystems. In der Mitte ist die Sonne, unser lokaler Stern. Um sie herum kreisen mit der Erde acht Planeten und der Zwergplanet Pluto. Ihre Wege oder Umlaufbahnen sind in verschiedenen Farben dargestellt. Das Sonnensystem umfasst außerdem Monde, Asteroiden, Kometen und große Mengen von Gas und Staub.

Alle Planeten umlaufen die Sonne entgegen der Uhrzeigerrichtung. Die enorme Größe der Sonne gibt ihr eine starke Anziehungskraft, die ausreicht, um die Planeten und andere Objekte in Umlaufbahnen um sie herum zu halten. Der Einfluss der Sonne reicht weit über den Pluto, hier das fernste Objekt, hinaus.

Entfernung von der Sonne
Das Bild am unteren Seitenrand zeigt die relativen Entfernungen der Planeten von der Sonne.

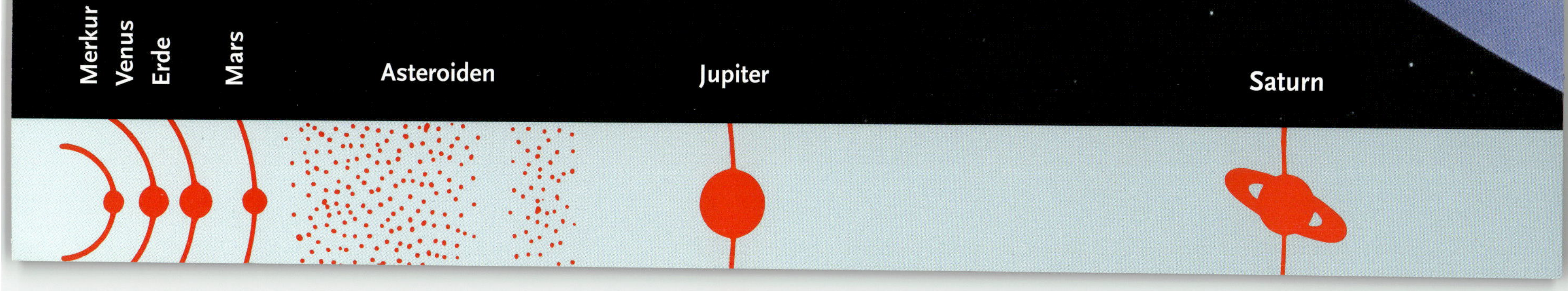

Die Planeten

Ein Planet ist ein großes Objekt in einer Umlaufbahn um einen Stern. Er kann aus Gestein, Metall, Gas, Flüssigkeit oder einer Kombination daraus bestehen. Planeten erzeugen kein Licht, sondern reflektieren das Licht ihres Zentralsterns.

Merkur

Merkur *(oben)* ist der Sonne am nächsten. Am Tage steigen die Temperaturen auf über 400 °C. In der Nacht fallen sie auf -180 °C. Merkur braucht gerade 88 Erdentage, um die Sonne zu umlaufen. Auf dem Merkur gibt es kein Wetter wie auf der Erde. Deshalb verändert sich die Oberfläche nicht ständig.

Venus

Die Venus *(oben)* ist der heißeste und lebensfeindlichste Planet im Sonnensystem. Sie ist von einer Wolke aus tödlicher Schwefelsäure umhüllt. Die dicke Decke hält das Licht der Sonne ab, fängt aber die Wärme ein. Dadurch hat die Venus eine Oberflächentemperatur von 490 °C. Das ist heiß genug, um Blei zu schmelzen!

Erde

Unser Heimatplanet Erde *(oben)* hat genau die richtige Temperatur, um Leben zu ermöglichen. Es gibt flüssiges Wasser und eine Atmosphäre (Hülle aus Gas), die die schädlichen Strahlen der Sonne blockiert, aber die Wärme speichert. Die Erde besteht aus mehreren Schichten: einer dünnen, harten Kruste, einem dicken, halbfesten Mantel und einem heißen, festen Eisenkern.

Mars

Mars *(oben)* ist als der Rote Planet bekannt. Seine rötliche Farbe kommt vom Eisenoxid-Staub (als Rost bekannt). Gelegentlich wehen gewaltige Stürme und bedecken den gesamten Planeten mit rotem Staub. Ein Marstag ist nur etwas länger als ein Erdentag. Der Planet hat vier Jahreszeiten wie die Erde. Mars hat zwei kleine Monde, vermutlich ehemalige Asteroiden.

Saturn

Saturn *(rechts)* ist berühmt wegen seiner Ringe. Sie bestehen aus Milliarden von Eis- und Gesteinsbrocken. Der Planet selbst ist überwiegend aus Gas. In seiner Atmosphäre sind manchmal Wolkenwirbel und Stürme zu sehen.

Neptun

Neptun *(links)* ist in Größe und Farbe Uranus ähnlich. Manchmal ist seine blaue Kugel mit dünnen, weißen Wolken gestreift. Winde sausen mit bis zu 2.000 km/h um ihn herum. Manchmal kann man auch durch Stürme entstandene dunkle Flecken sehen.

Uranus

Uranus *(oben)* ist der einzige Planet, der die Sonne fast auf der Seite liegend umläuft. Ein Umlauf dauert 84 Erdenjahre. Das heißt, beide Pole wenden sich 42 Jahre lang dem Tageslicht zu, gefolgt von 42 Jahren dauernder Nacht!

Jupiter

Jupiter *(links)* ist größer als alle anderen Planeten zusammen. Neben dem festen Gesteinskern besteht Jupiter fast ganz aus Wasserstoff. Die roten, goldenen und weißen Wirbel sind Wolken in seiner Atmosphäre. Der berühmte Große Rote Fleck ist ein gewaltiger Sturm, der seit wenigstens 300 Jahren tobt.

PLUTO, EIN ZWERGPLANET

Pluto wurde 1930 entdeckt und lange als der neunte Planet in unserem Sonnensystem angesehen. Neuerdings haben Astronomen aber in ferneren Bereichen des Sonnensystems größere Objekte als Pluto gefunden. Daher gilt Pluto jetzt als Zwergplanet.

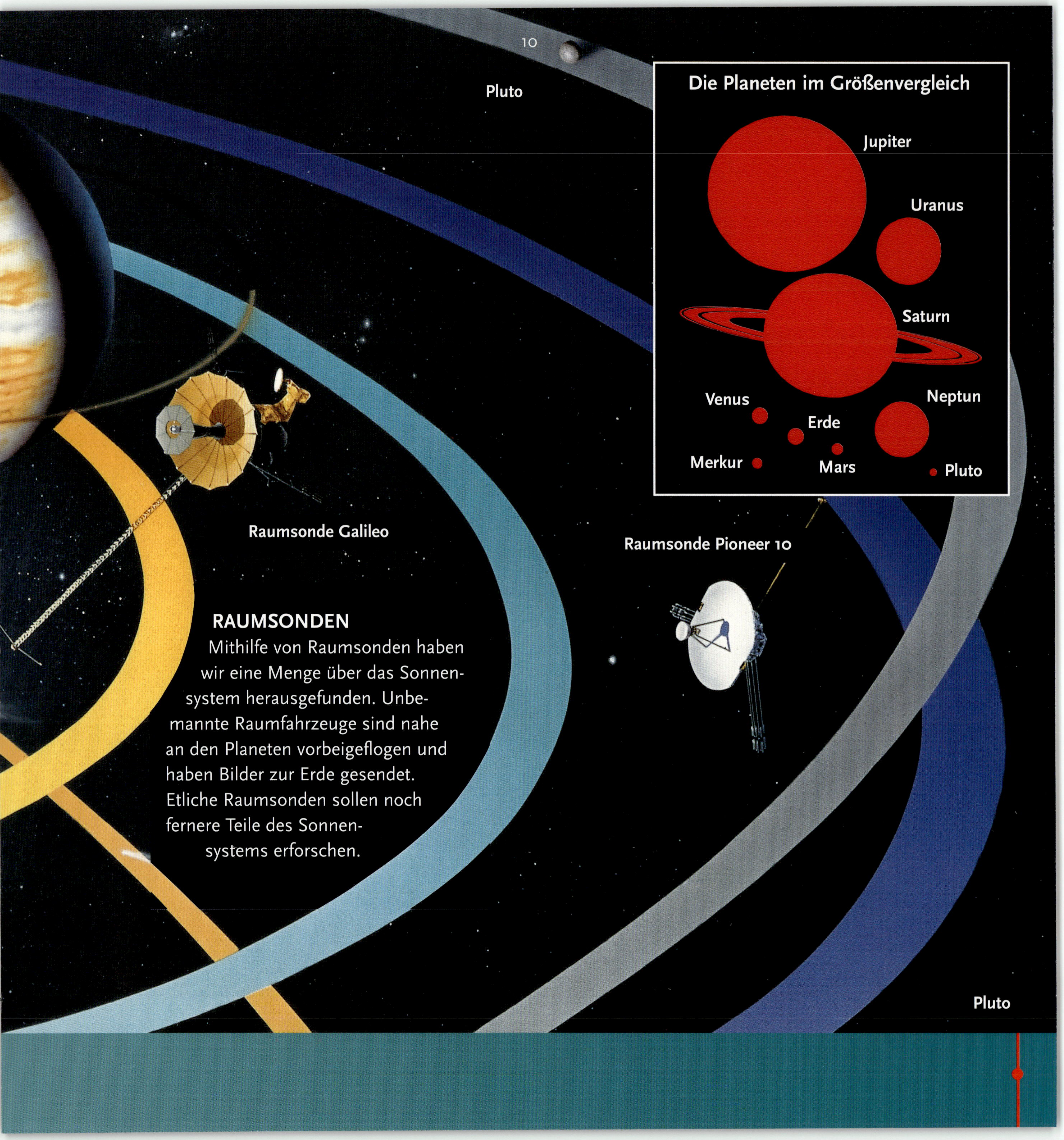

RAUMSONDEN

Mithilfe von Raumsonden haben wir eine Menge über das Sonnensystem herausgefunden. Unbemannte Raumfahrzeuge sind nahe an den Planeten vorbeigeflogen und haben Bilder zur Erde gesendet. Etliche Raumsonden sollen noch fernere Teile des Sonnensystems erforschen.

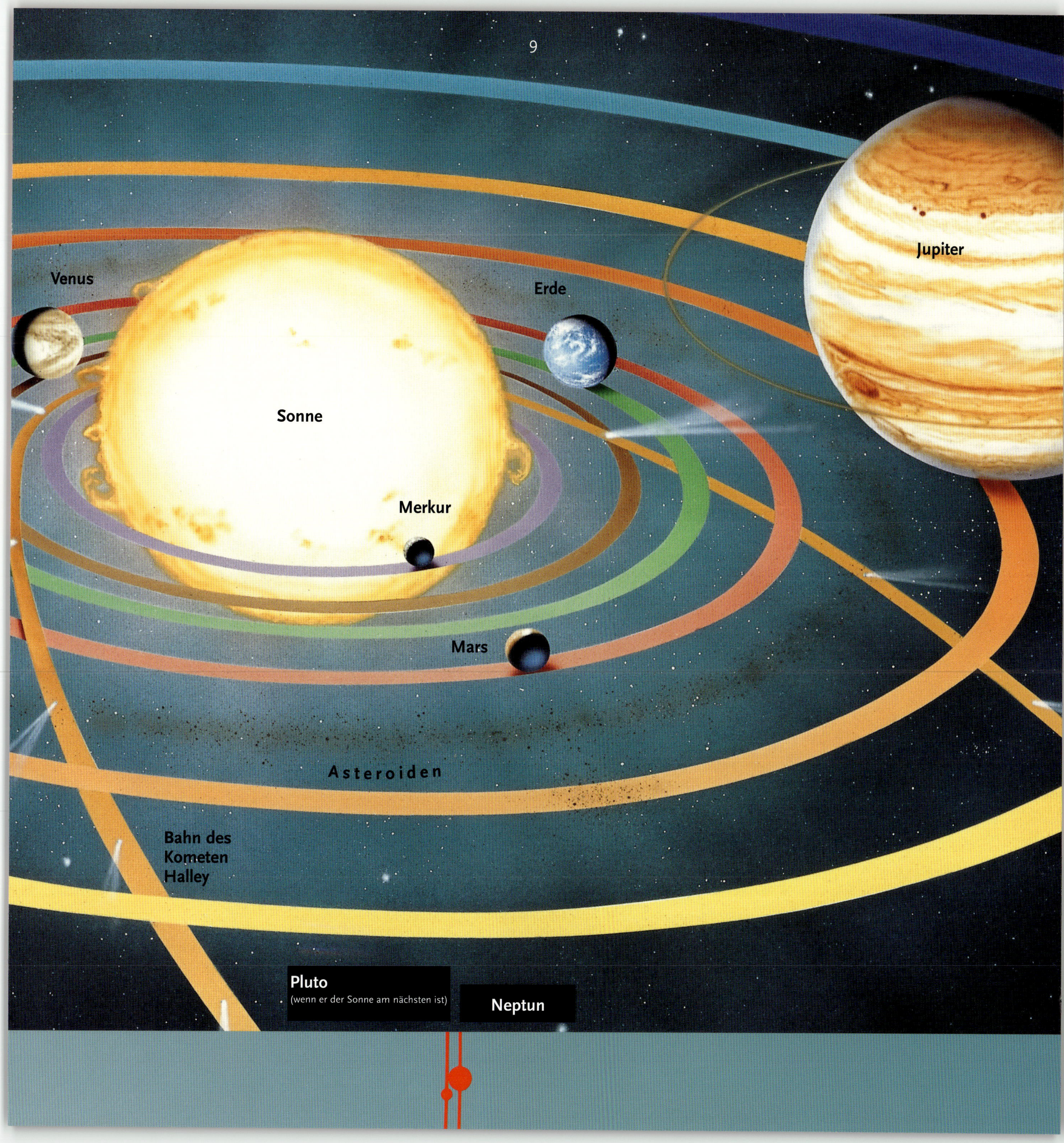
Venus
Erde
Jupiter
Sonne
Merkur
Mars
Asteroiden
Bahn des Kometen Halley
Pluto
(wenn er der Sonne am nächsten ist)
Neptun

Landschaften

Die Gasriesen Jupiter, Saturn, Uranus und Neptun haben überhaupt keine feste Oberfläche. Die vier inneren Planeten Merkur, Venus, Erde und Mars sind Gesteinskugeln. Aber außer der Erde sind die Landschaften dieser Planeten öde und leer – ohne Leben. Einige der spektakulärsten Landschaften im Sonnensystem fand man auf den Planetenmonden.

Titan

Titan, der größte Saturnmond, ist der einzige Mond im Sonnensystem, der eine dichte Atmosphäre hat. Im Januar 2005 wurde die Landekapsel (Lander) Huygens von der Raumsonde Cassini abgekoppelt und landete auf der Titanoberfläche. Sie sandte Bilder zur Erde, die Abflusskanäle zeigten und vielleicht Teer verkrustete Seen.

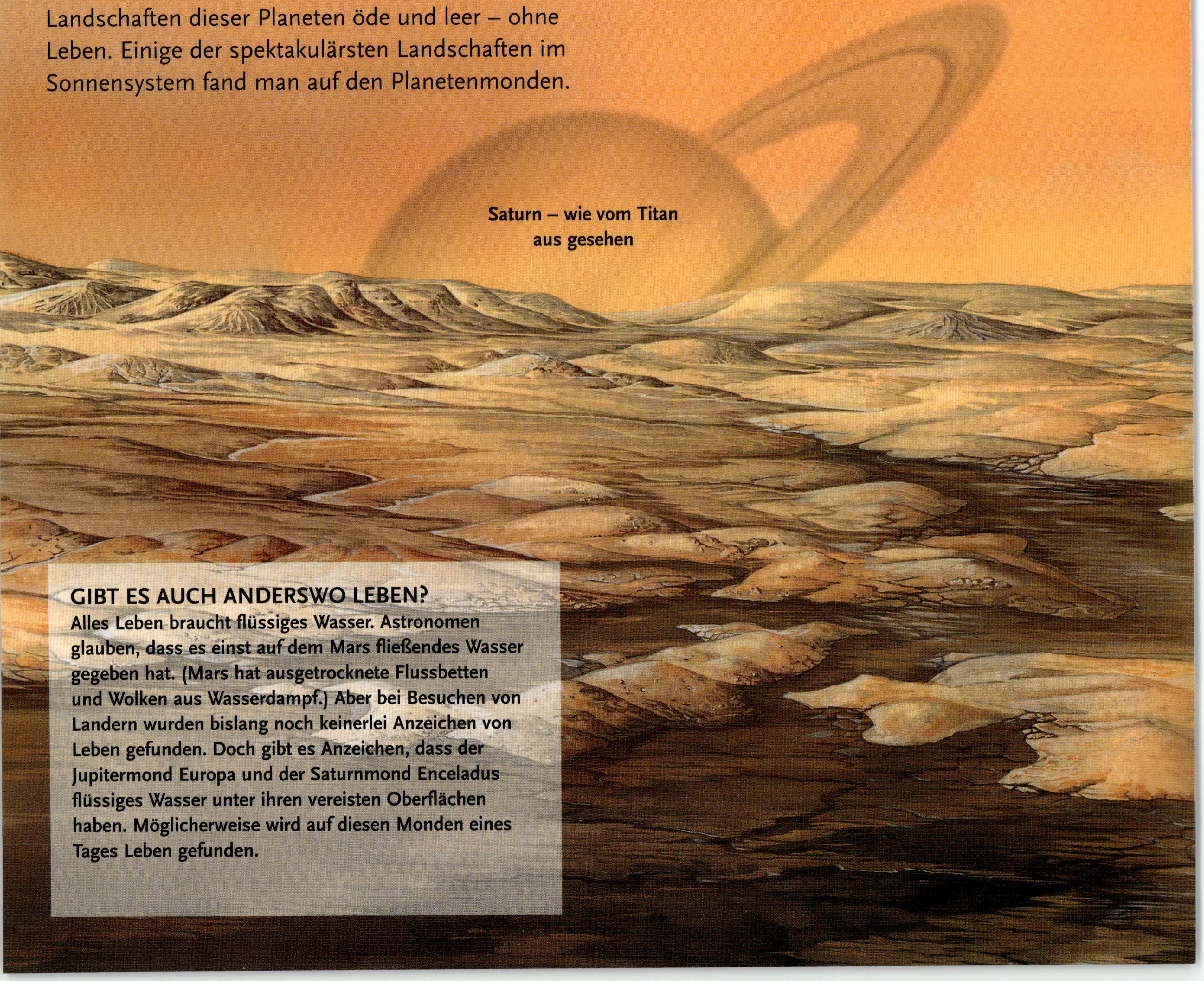

Saturn – wie vom Titan aus gesehen

GIBT ES AUCH ANDERSWO LEBEN?

Alles Leben braucht flüssiges Wasser. Astronomen glauben, dass es einst auf dem Mars fließendes Wasser gegeben hat. (Mars hat ausgetrocknete Flussbetten und Wolken aus Wasserdampf.) Aber bei Besuchen von Landern wurden bislang noch keinerlei Anzeichen von Leben gefunden. Doch gibt es Anzeichen, dass der Jupitermond Europa und der Saturnmond Enceladus flüssiges Wasser unter ihren vereisten Oberflächen haben. Möglicherweise wird auf diesen Monden eines Tages Leben gefunden.

Venus

Die öde Venusoberfläche *(rechts)* ist fast vollständig das Ergebnis vulkanischer Aktivität. Lava-Ebenen bedecken fast 85 Prozent der Venus. Vulkanische Hochländer bilden den Rest, obwohl die meisten Vulkane schon vor ungefähr 500 Millionen Jahren erloschen sind. Wegen der giftigen Kohlendioxid-Atmosphäre, der extremen Hitze und des ungeheuren Luftdrucks ist es für einen Menschen unmöglich, auf der Venus zu landen. Alle Informationen über ihre Oberfläche haben uns Raumsonden geliefert.

Mars

Auf der Marsoberfläche *(rechts)* gibt es Täler und Kanäle, die fließendes Wasser eingeschnitten haben könnte. Anzeichen von Sedimenten in den Tälern deuten darauf hin, dass es dort früher wahrscheinlich Seen und sogar Meere gab. Das einzige Wasser, das man bisher auf dem Mars entdeckt hat, ist in seinen Polkappen gefroren. Jüngste Hinweise legen nahe, dass unter der Marsoberfläche flüssiges Wasser sein könnte. Auf dem Mars gibt es auch gewaltige Vulkane. Einer davon ist Olympus Mons, der 20 km hoch ist und sich über ein Gebiet von der Größe Englands erstreckt.

Triton

Neptuns größter Mond Triton *(rechts)* ist der kälteste Ort im Sonnensystem. Er besteht aus Stickstoff- und etwas Wassereis, das rosa gefärbt ist. Es gibt dort nur wenige Krater, was nahe legt, dass die Eislandschaft ganz frisch ist und sich ständig selbst erneuert. Unter der Eiskruste sammelt sich der Stickstoff. Sobald genug Druck aufgebaut ist, bricht er aus. Durch schwache Stellen in der Kruste wachsen dann spektakuläre Fontänen aus Stickstoff und schwarzem Staub bis zu acht Kilometer in die Höhe.

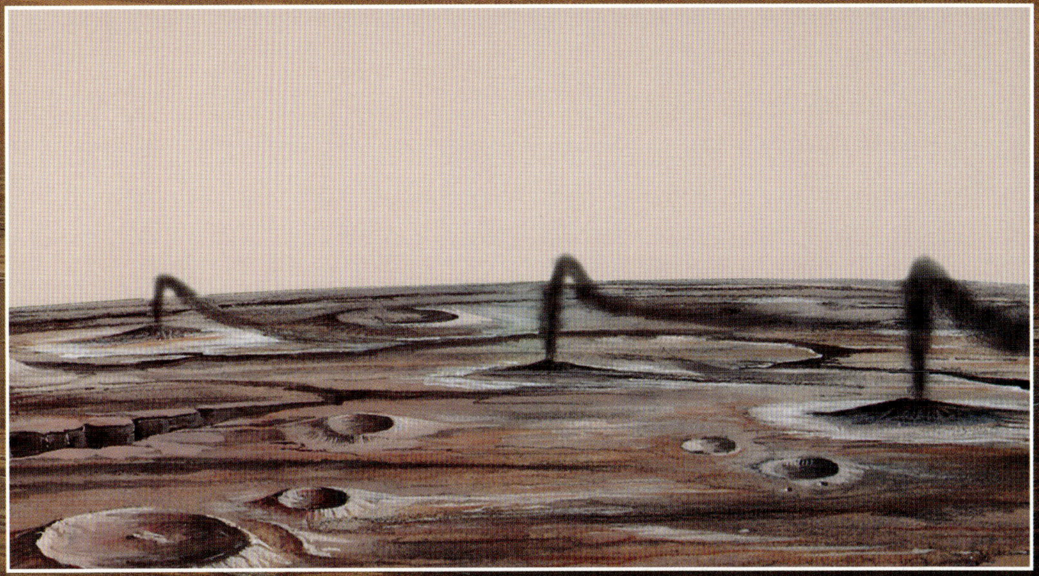

Galaxienkern

Das Universum

Das Universum ist alles, was wir kennen. Alle Materie, vom winzigsten Sandkorn bis zum gigantischsten Stern, gehört zum Universum. Die Materie ist nicht gleichmäßig im Universum verteilt. Sie ist in einem netzähnlichen Muster angehäuft. Die Lichtanhäufungen, die hier gezeigt werden, sind keine Sterne, sondern Galaxien. Von ihnen gibt es etwa 100 Milliarden!

Der Urknall
Wissenschaftler glauben, dass das Universum vor ungefähr 13,7 Milliarden Jahren in einer ungeheuren Explosion zu existieren begann. Während dieses Ereignisses, das Urknall genannt wird, entstanden alle Materie, Energie und Raum. Seit dem Urknall hat sich das Universum enorm ausgedehnt.

Milchstraßensystem
Unser Sonnensystem liegt in der Milchstraßen-Galaxie, einer riesigen Spirale aus etwa 200 Milliarden Sternen *(rechts)*. Die Milchstraße ist nach dem nebligen Band aus Sternen benannt, das wir am Nachthimmel sehen können. Alle Sterne, die mit bloßem Auge zu sehen sind, gehören zum Milchstraßen-System.

Die Milchstraße gehört zu einem Haufen von etwa 30 Galaxien, der lokale Gruppe genannt wird. Die der Erde nächste Galaxie, die Große Magellan'sche Wolke, ist 170.000 Lichtjahre weit entfernt.

Sterne

Sterne sind gigantische, sich drehende Kugeln aus heißem Gas. Ihrem Alter und der Temperatur entsprechend unterscheiden sie sich stark in Größe und Farbe. Die heißesten Sterne leuchten blau und die kühlsten rot. Mittlere Sterne wie die Sonne blähen sich später zu Roten Riesen auf. Wenn sie ihren Brennstoff verbraucht haben und sterben, lassen Sterne mächtige Wolken aus Gas und Staub, so genannte Nebel, zurück *(rechts)*. Aus dem Gas und Staub können sich später neue Sterne bilden.

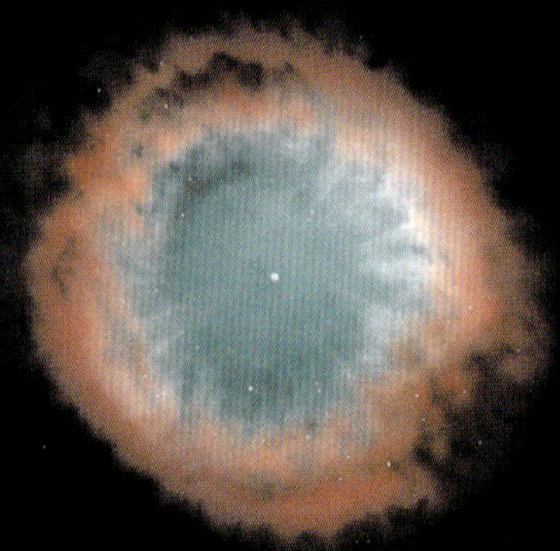

Nebel
Ein **Roter Riese**, der etwa hundert Mal größer ist als der ursprüngliche Stern, explodiert nicht. Stattdessen stößt er seine äußeren Schichten in den Raum ab. Zurück bleibt ein planetarischer Nebel *(links)* mit einem Weißen Zwerg im Kern. Der weiße Zwergstern ist nicht größer als die Erde.

Der **Krebsnebel** *(rechts)* ist alles, was von einer Supernova übrig geblieben ist, einer gigantischen Explosion, die ausgelöst wurde, als ein riesiger Stern (ein so genannter Überriese) zusammenbrach. Der Krebsnebel besteht aus Wolken aus Staub und Gas. Die Supernova, die ihn erschaffen hat, wurde im Jahr 1054 n. Chr. durch chinesische Astronomen beobachtet.

Schwarzes Loch
Nach einer Supernova kann der Kern des alten Sterns so dicht sein, dass er in sich selbst zusammenbricht. Er schrumpft zu einem winzigen Punkt, der von einem Bereich im Weltraum umgeben ist, in dem die Anziehungskraft so stark ist, dass nichts, nicht einmal Licht, daraus entkommen kann. Wissenschaftler nennen diese Orte Schwarze Löcher. Dieser große blaue Stern *(links)* wird im Kreis herumgeschleppt, bevor er in ein Schwarzes Loch hineingesaugt wird.

Sterngrößen
Die maßstabsgetreue Abbildung oben zeigt die Größen von verschiedenen Sterntypen. Der größte Stern hier ist der Rote Überriese Beteigeuze. Die nächsten sind die Blauen Riesen Rigel und Polaris (der Polarstern). Unsere Sonne, ein gelber Zwerg, ist im Vergleich dazu nur ein kleiner, gelber Punkt.

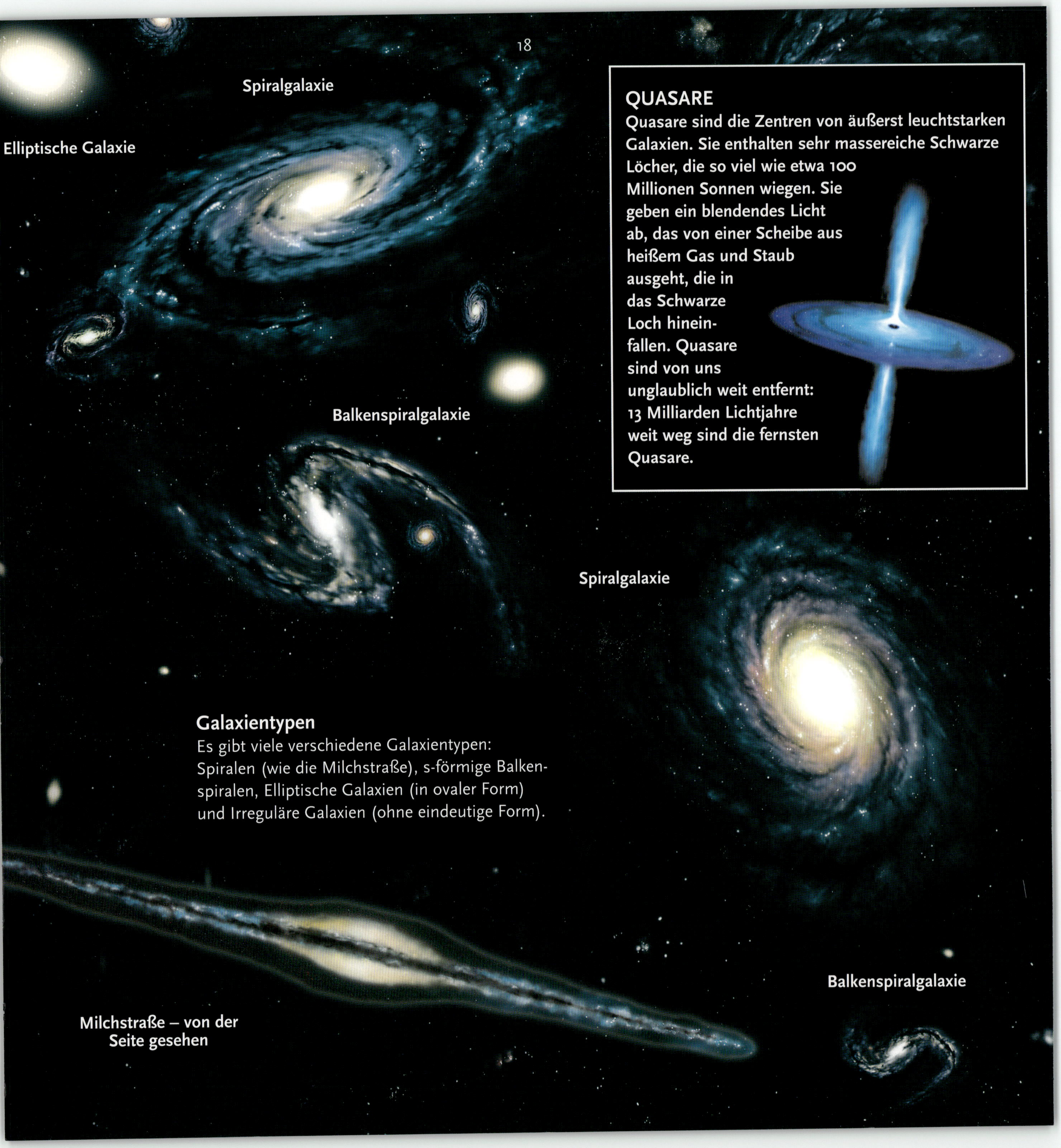

QUASARE

Quasare sind die Zentren von äußerst leuchtstarken Galaxien. Sie enthalten sehr massereiche Schwarze Löcher, die so viel wie etwa 100 Millionen Sonnen wiegen. Sie geben ein blendendes Licht ab, das von einer Scheibe aus heißem Gas und Staub ausgeht, die in das Schwarze Loch hineinfallen. Quasare sind von uns unglaublich weit entfernt: 13 Milliarden Lichtjahre weit weg sind die fernsten Quasare.

Galaxientypen

Es gibt viele verschiedene Galaxientypen: Spiralen (wie die Milchstraße), s-förmige Balkenspiralen, Elliptische Galaxien (in ovaler Form) und Irreguläre Galaxien (ohne eindeutige Form).

Galaxienkern

Die Milchstraßen-Galaxie hat eine Ausbuchtung in ihrem Zentrum, den Galaxienkern. Dort sind ältere, rote Sterne konzentriert.

Spiralarme

Vier riesige Arme gehen vom Kern spiralförmig aus. Darin gibt es jüngere, blaue Sterne – zusammen mit Gas- und Staubwolken, in denen sich neue Sterne bilden. Weiter außen befinden sich noch die meist gelben und orangefarbenen, mittelalten Sterne.

Der Mond

Der Mond ist eine Gesteinskugel, die die Erde umläuft. Er ist eine öde Welt, bedeckt mit Kratern, die von Meteoriten-Einschlägen vor Milliarden Jahren stammen. Er könnte bei dem Zusammenstoß eines anderen Planeten mit der noch jungen Erde entstanden sein. Bruchstücke vom Aufprall vereinigten sich zum Mond.

DER MANN IM MOND
Kannst du ein Gesicht im Mond sehen? Bei Vollmond bilden die Lava-Ebenen dunkle Gebiete auf der Oberfläche und sehen dann ein bisschen aus wie Augen und ein offener Mund. Menschen aus allen Teilen der Welt sehen ganz unterschiedliche Figuren im Mond.

Die Mondlandschaft

Auf der Mondoberfläche gibt es weder Luft noch flüssiges Wasser. Es ist eine völlig öde Landschaft aus Kratern, Gebirgszügen und weiten Lava-Ebenen, die Beobachter früher irrtümlich für Meere hielten. Diese Ebenen werden auch heute noch nach dem lateinischen Wort für Meer, mare, genannt. Wenn Meteoriten aufschlugen und Krater entstanden, wurden Trümmer in alle Richtungen verstreut und bildeten Streifen im Staub. Weil es keinen Wind auf dem Mond gibt, sind diese Strahlen seither erhalten geblieben.

Mondphasen

Die Gestalt des Mondes scheint sich von Nacht zu Nacht zu verändern. Der Mond dreht sich nur einmal, während er die Erde umläuft. So zeigt immer dieselbe Seite zu uns.

Wenn die Vorderseite des Mondes von der Sonne abgewandt ist, ist der Mond unsichtbar: Neumond (1). Wenn sie der Sonne zugewandt ist, sehen wir die komplette Scheibe: Vollmond (5). Zwischendurch durchläuft der Mond Sichel (2, 8), Halbmond (3, 7) und Dreiviertel-Phasen (4, 6).

WORTERKLÄRUNG

ASTEROID: Ein kleiner Gesteinskörper, der die Sonne umläuft.

ATMOSPHÄRE: Die Hülle aus Gas, die einen Planeten, Mond oder Stern umgibt.

FINSTERNIS: Die Bewegung eines Planeten oder eines Mondes vor einen anderen oder vor die Sonne.

GALAXIE: Eine gewaltige Anhäufung von Sternen, Planeten, Gas und Staub.

KOMET: Ein Brocken aus Gestein, Eis und Staub, der die Sonne umläuft. Wenn er sich der Sonne nähert, bildet sich ein langer Schweif.

KRATER: Ein napfförmiges Gebilde auf der Oberfläche vieler Asteroiden, Monde und Planeten. Er entsteht durch den Aufprall von Meteoriten.

METEORIT: Ein Gesteinsbrocken aus dem Weltraum, der auf der Erde gelandet ist.

MOND: Ein kleineres Objekt, das einen Planeten umläuft.

NEBEL: Eine Wolke aus Gas oder Staub im Weltall.

PLANET: Ein Himmelskörper, der einen Stern umläuft. Ein Planet erzeugt kein eigenes Licht.

QUASAR: Das Zentrum einer gewaltigen Galaxie.

RAUMSONDE: Ein unbemanntes Raumfahrzeug, das von der Erde aus ferngelenkt wird.

SATELLIT: Etwas, das einen Planeten umläuft. Monde sind natürliche Satelliten. Es gibt auch künstliche Satelliten, die die Erde umlaufen, beispielsweise das Hubble Weltraumteleskop.

SCHWARZES LOCH: Eine Region im Weltall, aus der nichts, nicht einmal Licht, entweichen kann.

SONNENSYSTEM: Die Sonne, die Planeten und ihre Monde, Asteroiden, Meteoride, Kometen, Gas und Staub.

STERN: Eine Gaskugel wie die Sonne, die Energie durch Kernreaktionen in ihrem Innern erzeugt.

SUPERNOVA: Die mächtige Explosion eines Überriesen, eines riesigen Sterns.

UMLAUFBAHN: Die kreisförmige oder ovale Bahn im Weltall, auf der ein Objekt um ein anderes herumläuft.

UNIVERSUM: Der Raum und alle Materie.

URKNALL: Die Explosion, in der das Universum entstanden ist.